儿童安全锦囊

交通安全

王维浩　编著

科学普及出版社

·北　京·

图书在版编目（CIP）数据

儿童安全锦囊 . 交通安全 / 王维浩编著 . -- 北京：
科学普及出版社，2020.1
ISBN 978-7-110-09982-7

Ⅰ . ①儿… Ⅱ . ①王… Ⅲ . ①交通安全教育－儿童读
物 Ⅳ . ① X956-49 ② X951-49

中国版本图书馆 CIP 数据核字（2019）第 158782 号

序

张咏梅 儿童伤害预防教育专家、全球儿童安全组织（中国）高级传讯顾问、中国项目专员

前几年，有企业邀请我去给他们的员工讲儿童安全预防讲座，其初衷也多半是企业给予他们员工的一种福利。近些年，随着网络信息的日新月异，越来越多的儿童伤害信息尽显眼前。一时间，儿童安全话题成了人人无法回避的重要议题被广泛讨论。无论是网络上的新闻热点，还是两会上代表们踊跃发声的提案，都对中国儿童安全的教育倾注了深情。由此，我也看到越来越多的企业将"儿童安全培训"列为重要内容，不再是简单的福利馈赠，而是将此纳入了企业社会责任一部分。

如此的受重视程度，可以说，中国的孩子们，有福了。

十年前，我有幸成为全球儿童安全组织（中国）高级传讯顾问，专注于儿童意外伤害预防的数据研究和常识传播工作，在每天大量的伤害信息中，我发现几乎所有的意外发生都是有共性规律可循的。比如暑期是儿童溺水高发期；燃气中毒或烧烫伤是年底到春节期间最多的伤害类型；幼童发生高楼坠亡的起因多和看护缺失有关；而因盲区造成的汽车碾压意外，也多因孩子跑过马路所致。由此，做好儿童伤害预防的重要工作，就是学习基本常识、了解事件本质、注重行为培养。

这套书的出版，定位于学生人群，从文风、画风和游戏设计，都贴近青少年的阅读习惯。众所周知，做安全教育有个难点，就是人群定位。不同年龄段的孩子，宣讲的方式和内容截然不同。比如 0~3 岁的宝宝，处在感知世界最丰富的年龄段，家长的教育应侧重于如何帮助他们建设家中的安全环境。4~6 岁的幼童，开始了社会交往，不安于居室，放眼于户外，父母要多用游戏互动的方式来进行亲子教育，通过角色扮演让孩子感受危险的定义。进入小学阶段的儿童、低年级和高年级的安全教育也是有区分的。普及形式由游戏体验到实训学习，都需要建立一整套有针对性的课程体系。

这套书很好地抓住了小学至初中阶段儿童的行为和认知特点，侧重行为指导。比如，校园安全部分，将课间容易发生的冲撞、打闹等充满隐患的行为，单列出来，明确正确的行为指导，以正视听；生活场景中，将孩子们容易发生在公共场所的危险行为列举出来，比如乘坐自动扶梯的正确姿势等；健康生活场景里，一些生活的急救小常识也非常实用；在交通安全方面，青少年更要加强遵纪守法教育，每年我国因道路伤害致死致残的儿童，有近 2.2 万人之多。道路伤害是 1~14 岁中国儿童第二位死因，是 15~19 岁少年第一位死因。而步行和乘坐机动车是发生交通意外的主要交通方式。因此，规范儿童的步行习惯，比如专心走路、不要戴耳机、不低头看手机等，是避免伤害的重要一课。

全球儿童安全组织创建者——美国华盛顿儿童医学中心烧伤科医生马丁博士曾说："没有偶然的事故，只有可预防的伤害。"在传播儿童安全教育的十多年中，我深刻体会到这句话的意义。**来自生活中的伤害，看似属于意外，其实 99% 都是可以预防的。**认识到环境对伤害发生的影响就会从源头杜绝隐患发生；了解到行为对伤害结果的影响就会主动改过自新，养成好习惯，从而提高安全意识。

希望更多的孩子从这套书中学到安全常识，注重改变陋习，真正践行平安一生的承诺。

前言

　　高高兴兴出门去，平平安安回家来，这是每一位父母对孩子最基本的期望。但是，在现实生活中仍有一件件令人痛心的事件不断地发生着。同学们由于对生活知识、社会经验缺乏，自我保护和认知能力不足，一些突如其来的意外事故严重地威胁着同学们的生命。所以，日常出行时，同学们要多一分警惕，平时努力掌握交通规则和一些应急方法，才能为自己的出行安全增加一些保障。

目录

走在路上

掌握交通安全常识是安全出行的前提。只有遵守交通规则，才能保障出行的安全。同学们无论是上学放学，还是外出游玩，都要注意交通安全。

1. 行走在路上时，一定要走人行道。如果路上没有标出人行道，要自觉靠右侧行走。

2. 在路上行走时，要注意观察往来汽车车头和车尾的转向灯，从而判断汽车的行驶方向，及时避让。

3.走路时，不要玩耍，更不要相互追逐打闹，不要扔东西，不要大声喧哗。

哈哈……

4.走路时，最好不要看书、听音乐和玩手机，以免分散注意力，一旦出现意外来不及躲避。

5. 看到井盖尽量绕开行走，不要在井盖上面玩耍或故意踩踏井盖，一旦井盖松动，可能会发生危险。

6. 路上如果听到救护车、消防车及警车鸣笛时，一定要迅速避让。

过马路

我们在路上行走时，有时需要穿行马路。穿行马路存在着许多危险，这时我们该怎么办？

1. 如果看见好伙伴或者爸爸妈妈就在马路对面，可以打电话给他们，千万不要横穿马路去找他们。

2. 同学们想要过马路时一定要选择安全地带行走，比如人行横道、过街天桥或者地下通道。

3. 同学们在走人行横道时，一定要遵守交通规则，千万不能闯红灯，否则很容易发生交通事故。

左顾

右盼

4. 过马路时，即使没有红绿灯也不能贸然过马路，要先看清左右两边有无车辆经过，确定安全后才能通过。

5. 同学们千万不要因为自己跑得够快，就误以为偶尔不看红绿灯横穿马路也没有什么事，这是十分危险的。可以跟随成年人一起过马路，但不要跟随低头看手机一族。

哇！出事啦！

6. 当同学们发现马路上没有过往车辆时，也不可以闯红灯横穿马路。这样做很危险，我们要养成遵守交通规则的好习惯。

过铁道口

铁道口是一个很危险的地方，我们在经过时应该注意些什么呢？

1.铁道是一个非常危险的地方，同学们不要到这个地方玩耍，否则很容易发生危险。

哇!

2.绝对不能在火车岔道口上逗留、玩耍，以免发生意外。

3. 通过铁道口时，同学们一定要遵守交通规则，红灯停，绿灯行，千万不能闯红灯强行通过。

4. 当铁道口的栏杆已放下，报警器已发出警报，红灯亮起来或两个红灯交替闪烁时，应站在停止线外，不得通过。绝对不能钻过护栏继续行走。

5. 当火车通过铁道口时，同学们一定要站在护栏后或距铁轨5米以外的地方。等火车通过后，听从工作人员的指挥通过道口。

大家别拥挤，听从指挥！

危险！

6. 在通过无人看守的铁道口时，先观察两边是否有火车开来，情况明确后再通过。记住，任何时候都不能在铁轨上行走和玩耍。

乘车

公交车为我们的出行带来了很多方便，那么，我们在乘坐公交车时应注意什么呢？

1. 上车前应该排队候车，千万不要拥挤。车辆进站时，拥挤的话，候车的人很容易被推倒、被踩踏，造成伤害。

2. 应该等汽车停稳后，按先下后上的顺序上下车。如果汽车已经开动，千万不要扒车门硬挤上车。上车后一定要扶好站稳，防止急刹车时摔倒受伤。

3.乘车时，一定不要玩耍和使用刀具等利器，以免发生意外。更不能把烟花等易燃易爆的物品带上车。

哇，流血了！

4.不要嬉戏打闹，不要把头和胳膊伸出车窗外，在汽车行驶过程中，千万不要向车窗外扔东西，以免伤到他人。

5. 上车后要讲文明懂礼貌，不要争抢座位，应该主动给老、弱、病、残、孕乘客让座。不要大声喧哗，不要乱扔果皮，那样既不卫生又不文明。

爷爷您请坐！

6. 下车后，千万不要猛冲过马路，以免后方和对面行驶的车辆来不及躲闪而引发危险。

遭遇交通事故

乘坐汽车时，如果突然遇到了交通事故，这时我们该怎么办？

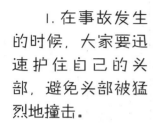

1. 在事故发生的时候，大家要迅速护住自己的头部，避免头部被猛烈地撞击。

2. 如果坐在座位上要用力抱住前方椅背，尽量低下头，让下巴紧贴前胸，手臂从侧方护住头部和颈部。

3. 当高速行驶的汽车紧急刹车时，一定要用手抓紧车内牢固的物体，并保持趴下或蹲下的姿势，以免摔伤。

我受伤了！

4. 事故发生后，先确认一下自己所处的环境，小心查看自己是否受伤。如果受伤严重不能移动，要大声呼救，耐心等待救援。

5. 如果受伤较轻微，可以自如活动的话，要想办法离开车内。先试一下车门能否打开，如果打不开，可以用破窗锤将玻璃敲碎逃生，但一定要注意车窗周围是否安全。

这儿出车祸啦！

6. 成功逃出事故车辆后，大家要想办法尽快报警、打急救电话。注意：当人多拥挤时，一定要防止踩踏等二次伤害。要与事故车辆保持安全距离，以防车辆失火或爆炸。

路遇大雨

在同学们上学或放学时，如果遇到突来的大暴雨，这时我们该怎么办？

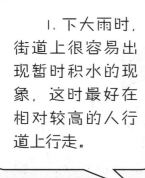

1. 下大雨时，街道上很容易出现暂时积水的现象，这时最好在相对较高的人行道上行走。

2. 雨天不要走低洼有积水的地方，马路上的积水一般很浑浊，我们很难看清水下有什么，容易被隐藏在积水下的石头、坑洞等绊倒。

3.如果发现路上出现漩涡，一定要绕道行走，千万不要因为好奇而靠近，这样的地方很可能隐藏着排水道，要是陷在里面就糟糕了。

4.如果路上的积水很深，同学们最好不要轻易穿越马路，应该在安全的地方耐心等待一段时间，等积水排走后再过马路。

5. 如果放学时突然下起了大暴雨，这时我们应该先在教室里待一会儿，不要急于回家，等雨停了之后再回家。

别着急，等雨停了再回家吧！

到附近的商场避一下雨再说！

6. 如果是走到半路上遇到了大暴雨，马路上开始积水，这时最好到附近的超市或商场避雨，等雨停了再回家。

警惕过往车辆

马路上来来往往的汽车很多，我们在走路时要特别小心，以免被汽车撞伤。

1. 同学们首先要做到自觉遵守交通规则，不逆行，这样可以降低交通事故发生的概率。

2. 在没有红绿灯和人行横道的路口，同学们一定要认真查看周围的情况，确认没有车辆往来再通过。

3. 不要在停泊的汽车周围玩耍，这是非常危险的行为，因为被车身挡住了视线，司机有时会看不到周围的人，启动时容易撞到车辆周围的人。

4. 不要在车辆往来较多的场合嬉戏，这种行为很危险，容易发生交通事故。

5.走路时注意力要集中，特别是在通过人行横道时，注意力更要高度集中，一定要严格遵守交通规则。

6.千万不要与车辆抢行，一定要珍爱生命，安全出行。

骑自行车

很多小朋友都喜欢骑自行车，然而骑自行车也存在着一定的危险。那么，我们骑自行车时要注意什么呢？

1. 要经常检查自行车, 如车胎的气足不足, 车锁、车铃和车闸等是否完好无损。

2. 骑车时要沿公路或街道的自行车道右侧行驶, 不要逆行。12岁以下的小朋友不可以骑车上街。

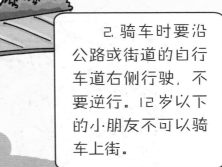

3. 经过路口时，要减速慢行，注意过往的行人和车辆，不要闯红灯，要服从交警的指挥。

4. 拐弯时，不要抢行，应减速慢行。在没有信号灯的路口，要提前招手示意后再转弯。

5. 骑车时不要打闹和追逐，也不要戴耳机听音乐。骑车不要带人，不并肩骑行，不双手撒把，不攀扶机动车。

自行车怎么能这样随意停放！

6. 自行车不能随意停放，应整齐地停放在指定的存放地点，这样既安全又不妨碍交通。

自行车刹车失灵

如果自行车出现刹车失灵的情况，这时候我们该怎么办？

1. 遇到自行车刹车失灵时，如果你不是在路口，前方没有行人和车辆，那么只要掌握好平衡，让自行车渐渐平稳停下就可以了。

吓死我了！

2. 如果自行车的车闸发生故障，一定要推着走，不要再勉强使用，等修好后再骑行。

3.如果前方有很多行人和车辆，你一定要大声呼喊，提醒行人和车辆避让。

快让开！
小心啊！

4.如果你的鞋底够厚，车座够矮，脚放下能碰到地面，那么可以尝试慢慢用脚刹车，但一般不提倡用这种方法。

5. 如果前方路况十分危险，情急之下，可以选择往路边的土地或沙地驶去，并做好跳车的准备。

要经常检修你的自行车！

6. 为了避免刹车失灵的情况发生，在骑自行车之前，应检查各零部件是否状况良好，并定期检修自行车。

乘坐出租车

　　出租车给我们的出行带来了很多方便，但我们在乘坐出租车时，也要注意文明和安全。

1. 招停出租车时，千万不要站在十字路口、快车道、马路中间，更不能冲上马路拦截正在行驶的出租车，这是十分危险的行为。

2. 招停出租车时，一定要站在出租车停靠处或马路边。

3. 上车后要系好安全带，以免遇到紧急情况突然刹车造成意外伤害。

渝A 9600

4. 上车前最好记住车牌号，或是在亲友记好车牌号的情况下再上车。

5.可以上车后再告诉司机你要去的地方，这样既可以防止拒载，也可以避免在车外发生剐蹭的意外。

师傅，我到……

6.下车时一定要带好随身携带的物品，并记住向司机索要发票，以便有事情能及时联络。

乘坐地铁

地铁给人们的出行带来了方便，那么，在乘坐地铁时，我们应该注意什么呢？

1. 搭乘地铁时，一定要在站台上的黄色安全线内候车，否则离车太近或人多拥挤时，很容易发生危险。

大家别挤，先下后上！

2. 出入站台及上下车的时候，不要拥挤，因为你人小，很容易被挤伤或挤下站台，这十分危险。还要记得遵守先下后上的原则。

3.不要在站台和列车上追逐打闹，这样既不安全，又不文明。

4.严禁跳下站台，也不能翻越安全门，否则会产生危险。还要注意不要在车厢内吃东西。

5. 如果发生意外，不要惊慌，要服从车站工作人员的统一指挥，从安全出口逃生。

快，往这边跑！

6. 由于地铁相对封闭，给人们的撤离带来了难度，所以在意外发生时，听从工作人员的统一调度才是逃生的关键。

乘坐火车

同学们大概都坐过火车吧！那么，你知道在乘坐火车时，我们该注意什么吗？

1. 火车上的人很多，而且每节车厢的样子都差不多，所以同学们在乘火车时千万不要乱跑，以防走失。

火车的车厢怎么都长得差不多？

这节车厢怎么这么多人！

2. 火车上人员混杂，同学们在乘坐火车时，不能擅自到其他车厢乱跑。

3. 有陌生人给自己糖果、饼干等食物时，同学们千万不能吃，也不要接受陌生人赠送的小玩具、小贴纸，更不能跟随陌生人中途下车。

不合法！
不礼貌！

4. 同学们在乘坐火车时不可以随便翻其他乘客的东西，因为这样既不合法，也不礼貌。

5. 同学们还应注意，乘坐火车时一定不要把头和手伸出车窗外，以免发生危险。

6. 同学们乘坐火车时千万不要往窗外丢垃圾，这样不仅会污染环境，还有可能砸伤路人。

乘坐游船

乘坐游船领略秀美的山川是一件非常愉快的事，不过，你是否知道乘坐游船时，我们的注意事项有哪些？

1. 超载的船一定不能上。遇上暴风、暴雨、大雾等恶劣天气时，应尽量避免乘船。

哇，这么大的雾，先别登船吧！

2. 登船时，应按顺序上下船，千万不要拥挤，不要打闹、追逐、玩耍，以防落水。

3.乘船时,不要把身体探出船身周围的护栏,以免失足掉入水中。上船后要查看并记住船上救生设备的位置。

咔嚓!

4.在船头和船尾拍照时一定要小心,相机要拿稳,双脚要站稳。

5. 同学们不可以在游船上奔跑打闹，以免轮船颠簸摔伤自己，或是撞伤他人。

救命！

6. 如果不慎落水，又不会游泳，要尽量把头向后仰，使口、鼻露出水面，而且要深吸一口气，慢慢地吐气，这样不易下沉，以便得到救援。

乘船遭遇意外

如果乘船出行时遭遇意外，我们该怎样保护自己，安全逃生呢？

1. 如果遇到火灾，要尽快离开房间，不要在楼梯或通道上停留，迅速移动到甲板上，穿好救生衣，等候救援。

2. 如果遇到船体损坏事故，要先穿上救生衣，然后快速离开房间，到甲板上等候救援。

3. 及时发出求救信号。使用手机、信号弹等都可以发出求救信号。

4. 遇紧急情况，须听从工作人员指挥，穿上救生衣，快速转移到救生筏上。

5. 如果不得不跳入水中避险，应迎着风向跳，以免跳下后被漂浮物体从后面撞击。

6. 从船上跳入水中时一定要避开螺旋桨，如果螺旋桨仍在转动，应离开船尾到船头去。并尽可能地往远处跳，以避免船下沉时卷起的漩涡把人吸进去。

乘坐飞机

　　乘坐飞机外出旅游，在空中俯瞰大山大海，真是美事一件！当然，乘坐飞机同样要了解一些安全常识。

1. 乘坐飞机前不要吃得过饱，因为高空条件下会让食物在我们体内产生大量气体，很容易引起恶心、呕吐等飞行症状。

哇！

就要乘坐飞机了，最好不要喝可乐。

2. 乘坐飞机前不能食用富含纤维和容易产生气体的食物，比如可乐就特别不适合乘坐飞机前饮用。因为高空条件会让我们消化道内的气体增加两倍，很容易产生腹胀的感觉。

3. 乘坐飞机前不能食用太油腻的食物，因为这些食物难以消化，在高空飞行时，也比较容易产生腹胀的感觉。

不要吃得太油腻！

4. 在机舱内必须服从机组工作人员的指挥，要系好安全带，不要随意走动。

5. 不要随意摆弄机舱内的安全救护设施。起飞前要关闭手机或调成飞行模式。认真听机组人员讲解救生衣等设施的使用方法，一定要学会使用，但未经许可，决不可随意动用。

6. 一旦飞机出现故障，要保持镇静，听从统一指挥，系好安全带，下颌紧贴胸部，双手抱头，身体向前弯曲。飞机迫降地面后要迅速从飞机上撤离，并远离飞机前往安全地带。

交通安全

乘坐私家车

　　乘坐私家车出行当然是很舒服、很方便的，但是同学们在乘坐私家车的时候也要注意安全。

1. 乘坐私家车的时候，同学们最好不要坐在副驾驶位置，那个位置相对来说比较危险，不适合小孩子坐。

2. 上车后，要系好安全带，安稳地坐在座位上。在汽车行驶过程中，不要干扰司机开车。

3.在汽车行驶过程中，不要玩车门上的拉手，以免车门突然打开，造成意外事故。

呀！

4.在汽车行驶过程中，不要在车上打闹，也不要将头和手伸出窗外，以免发生危险。

5. 途中下车休息时，需先看看后面有没有过来车，在没有来车的情况下，才能打开车门下车，以免发生危险。

不能乱扔垃圾！

6. 不要向窗外乱扔垃圾，那样不仅污染环境，而且还有可能引发交通事故，给自己和他人带来意外伤害。

不要追车和扒车

　　追车和扒车都是十分危险的行为，一不小心就会酿成交通事故，所以同学们千万不要随便追车和扒车。

我在行驶中，最好不要靠近我！

1. 扒车很危险，不管车速多么慢，都不要接近或接触正在行驶的车辆，以免发生意外。

2. 公交车到站时，不要为了能快速上车，就跟着未停的车慢慢跑，这样很危险，若被人挤倒就会发生意外。

3. 在乘坐公交车时，如果发现自己要搭乘的车已经开出站台，千万不要对其穷追不舍，要耐心等待下一辆车。

4. 如果乘坐公交车时，家长上了车，你还没上去车就开走了，请你千万不要追着公交车跑，这样十分危险，你只需在原地等待，家长会回来找你的。

我老爸会回来找我的!

5. 在等待家长回来找你时不要离开站台，千万不要跟随陌生人走，那样十分危险。

6. 如果附近有公用电话或是你有手机，可以立即拨打电话与家长联系。

被车碰倒

如果我们外出时不幸被车碰倒了，这时我们该怎么办呢？

1. 这时一定不要乱哭乱叫，且不要急于活动身体，不要急于从地上爬起来。

我这不是为了装死。

我是为了更好地保护自己！

2. 如果感觉自己某个部位已经骨折，那么千万不要改变倒下时的姿势。

3. 尽量最大限度地保持头脑清醒, 及时向来救助自己的路人和医护人员说清自己受伤的部位, 以帮助他们采取最佳救护措施。

唉哟, 我的腿不能走了!

哇, 我腿流血啦!

4. 如果创伤部位出血, 应立即设法止血, 以免失血过多, 造成休克。

5. 及时把自己的姓名、学校、家长姓名及联系电话告诉救护人员，以便医生及时和家长取得联系。

我老爸的电话号码是……

救死扶伤

医生，我晕针！

6. 如果知道自己的血型和药物过敏史，也要及时告诉救护人员，以便采取正确有效的治疗方法。

野外迷路

郊游时，你可能会被眼前的美景所吸引，等回过神来，却不知道自己身在何处。迷路了，这时你该怎么办呢？

1.外出郊游时，一定要结伴而行，不要私自脱离队伍，即使是离开一会儿，也要告诉老师或同伴。

2.一旦迷了路，要先站在原地，别乱走。可大声呼唤，耐心等待。如果过了很久仍没能联系上同伴，要设法寻求警察或工作人员的帮助。

3. 要尽快确定方向，以摆脱困境。树木枝叶茂盛的一侧是南面。如果有手机，应尽快联系家长，以求得帮助。

这边是南。

4. 还可以沿着溪流往下游走，不可以沿着溪流往上游走。河流的中下游多为平原，也许能发现有人居住的地方。

5. 独自前行时，每走一段路，都要用树枝、石头等物体做个易识别的标记，如用石头摆成箭头形状，让箭头指向你前进的方向，以免再次迷路。

6. 为了让救援人员尽快地发现自己，可以找一个空旷的地方，把干草和树枝点燃，用浓烟或火苗作为求救信号。但要注意灭火工作，绝对不能引起森林火灾。

面对窨井

请绕行

同学们认识窨井吗？它就是我们平时在路上经常能看到的井盖下方的井。窨井是很危险的，尤其是那些缺失井盖的窨井，走路时一定要小心避让！

1. 同学们平时要远离窨井，不要在井盖上蹦跳、玩耍，以免井盖松动陷落而发生危险。

啊！

2. 平时不要随意去踩踏各种井盖，一是保护井盖，二是避免因井盖安装不牢或破损而坠井。

3. 平时遇到井盖，一定要绕行，决不能疏忽大意。

4. 如果发现窨井没有井盖，大家一定要绕开它行走，不要在周围嬉闹，最好能设立一个简易的警告标志，提醒路过的人注意安全。

5. 同学们还可以打电话报警，让警察竖立警示牌提醒路上行人小心绕行。

喂……

6. 在雨雪天气里，大家更要提高警惕，小心路面状况，不要在积水、积雪的窨井旁边活动。

远离电力设施

电是人们生活、生产都离不开的东西。电力设施主要包括输电和配电的一些设备，不过这些设施不是谁都可以碰的，非工作人员最好离它越远越好。

1. 变压器通常有醒目的安全标记，提醒人们不要靠近，所以同学们要自觉绕开这只庞大的"电老虎"，不要在其附近玩耍。

2. 如果发现高压电线断落掉在地上，同学们千万不要靠近，否则有可能会被强大的电流击中。要赶快报警，并提醒路人注意安全。

哇，快来人！

3. 不要去玩电线杆下方的斜拉线和地线，更不要去切割它们，这样做是很危险的。注意不要在高压线缆附近放风筝。

4. 雷雨天时，要远离铁塔和高压线缆行走，以防触电或遭遇雷击。

5. 如果发现变压器上有小鸟筑的巢，千万不要因为好奇而去掏鸟窝，这样很容易被高压电击中，引发触电危险。可以通知相关部门，请专业人员来处理。

6. 如果发现有人被电晕，千万不要伸手去拉他，可以用干木棍等绝缘物体将电线挑开，然后迅速拨打120急救电话。

远离废弃建筑物

废弃建筑物往往是一个不安全的场所，隐藏着许多危险，同学们不要随便进入废弃的建筑物，以免发生危险。

1. 废弃建筑物的结构已经变得不牢固，可能存在一定的安全隐患，很容易出现坍塌、倾倒等危险，大家要自觉远离废弃建筑物，以免被砸伤。

2. 废弃建筑物中常常残留着一些砖块、碎石、玻璃等物品，在里面玩耍一不小心就会被划伤，后果很严重。所以千万不要在废弃建筑物周围或内部玩耍。

3. 废弃建筑物里面有时还会有一些流浪汉、无业游民等社会闲散人员在活动，因此环境十分混乱，同学们千万不要因为好奇前往，以免遇到危险。

这里不安全，好孩子不要去哦！

4. 废弃建筑物的周围通常有许多坑洞，这些坑洞往往比较深，容易造成伤害，同学们注意不要靠近。

5. 如果有同学叫大家去废弃建筑物中"探险"，大家一定要拒绝，并且劝他也不要去。

最好你也别去！

我被卡住了！

6. 大家也不要随便攀爬废弃建筑物，更不能钻里面的废弃管道玩，那样很容易发生意外。

找不同

小朋友一定要注意，在公路上或人行道上不要打闹，这样做是很危险的。左右两幅图中共有7处不同，请你在右图中把它圈出来。

选择游戏

通过路口时，我们一定要遵守"红灯停、绿灯行、黄灯还要等一等"的交通规则。图中的行人和车辆哪个是错的，请你找出来。